QUELQUES RÉFLEXIONS

SUR LA

SITUATION ACTUELLE DE L'AGRICULTURE

QUELQUES RÉFLEXIONS

SUR LA

SITUATION ACTUELLE

DE

L'AGRICULTURE

PAR

M. PONSARD

PRÉSIDENT DU COMICE AGRICOLE CENTRAL ET MEMBRE DU CONSEIL
GÉNÉRAL DE LA MARNE

CHALONS

IMPRIMERIE T. MARTIN, PLACE DU MARCHÉ-AU-BLÉ, 11

1859.

QUELQUES RÉFLEXIONS

SUR LA

SITUATION ACTUELLE

DE

L'AGRICULTURE

PAR

M. PONSARD

PRÉSIDENT DU COMICE AGRICOLE CENTRAL ET MEMBRE DU CONSEIL
GÉNÉRAL DE LA MARNE.

CHÂLONS

IMPRIMERIE T. MARTIN, PLACE DU MARCHÉ-AU-BLÉ, 54.

—

1866.

QUELQUES RÉFLEXIONS

sur la

SITUATION ACTUELLE

de

L'AGRICULTURE

Depuis longtemps, la pensée m'était venue de rechercher les causes de l'infériorité de notre agriculture. Les souffrances qu'elle endure par suite de l'avilissement du prix des grains, et surtout l'enquête annoncée solennellement par Sa Majesté l'Empereur dans son discours d'ouverture des Chambres, le 22 janvier dernier, m'ont déterminé à examiner attentivement la question, et c'est le résultat de ces recherches que j'ai consigné dans ce mémoire.

Mes convictions se sont formées par de longues réflexions et par un contact incessant avec les hommes et les choses de l'agriculture.

Quant à moi, je ne saurais chercher ailleurs que dans une législation propice un remède à nos maux. Les lois qui régissent l'agriculture sont le principal obstacle aux progrès immenses qui nous sont réservés. Il n'est pas besoin de nouveaux encouragements pour lancer l'agriculture dans ses voies naturelles. Semblable au coursier que retiennent des liens trop étroits, elle attend avec impatience le moment où ses entraves seront rompues.

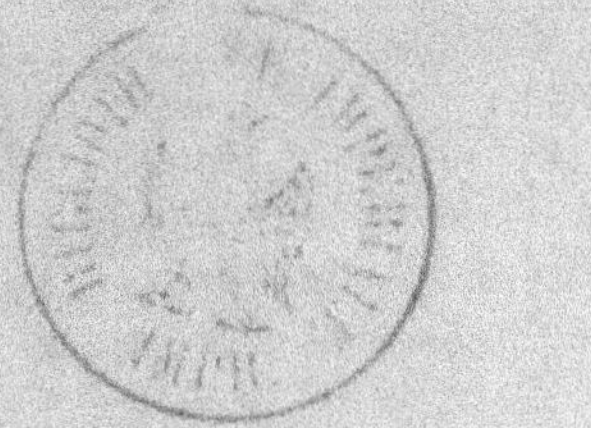

I

L'agriculture souffre, et ses plaintes se font entendre de tous côtés[1]. Les blés, dont la culture était la source principale des profits habituels des cultivateurs, sont descendus à des prix tellement bas, qu'ils ne laissent aux producteurs aucune rémunération.

Fermiers et propriétaires sont victimes de l'état actuel des choses. L'un voit le produit de ses travaux diminuer et le constituer en perte; le second voit ses fermiers devenir insolvables, ses revenus s'amoindrir quand il reçoit en nature ses fermages, et, ce qui l'attriste encore plus, il voit son capital décroître de jour en jour, puisque les terres les meilleures perdent de leur valeur vénale; enfin, l'État lui-même perd par la diminution des droits d'enregistrement sur des terres frappées d'un quart ou d'un tiers de moins-value, comparativement aux prix d'acquisition.

Si cette crise devait se prolonger, l'industrie et le commerce en subiraient le cruel contre-coup; car bientôt le cultivateur, qui ne gagne plus d'argent, cessera ses achats et tâchera de récupérer par une économie incessante ce qui lui manque de revenus.

D'où vient cet état de choses?

----

[1] Ces lignes étaient écrites avant la hausse des céréales. — Cette hausse, n'étant que la suite d'une mauvaise récolte, ne modifiera en rien la situation du cultivateur, qui vendra beaucoup moins que l'an dernier, et en définitive mettra moins d'argent dans sa caisse.

Beaucoup l'attribuent au libre-échange, c'est-à-dire à la liberté du commerce des céréales; ils accusent hautement le traité de commerce avec l'Angleterre de tous leurs malheurs; comme si la liberté si recherchée, si désirée, pouvait produire des fruits aussi amers! Si je n'avais été depuis longtemps partisan convaincu de la liberté commerciale, les dernières circulaires de Son Excellence le Ministre du commerce et de l'agriculture, et notamment sa lettre en réponse à la pétition du Comice d'Epoisses, auraient suffi à éclairer mon opinion.

Non, ce n'est pas un droit de 3 fr., de 4 fr. même sur le quintal de blé importé qui pourrait remédier à l'état actuel; et, en effet, à supposer que ce droit profitât en son entier au producteur français, quel résultat, en définitive, donnerait ce gain à nos cultivateurs, qui vendent en moyenne 40 à 50 quintaux de blé par an. Est-ce les 150 ou 200 francs dont ils bénéficieraient alors qui ramèneraient l'aisance dans leurs fermes? Enoncer les chiffres, c'est répondre à la question. Du reste, quand il s'agit de substances alimentaires de première nécessité, il n'y a pas de raisonnement à faire. Il faut avant tout que l'ouvrier des villes et des campagnes puisse se procurer le pain au meilleur marché possible.

C'est donc ailleurs que dans l'application de droits plus ou moins élevés qu'il faut chercher un remède aux souffrances de l'agriculture.

La solution de ce nouveau nœud gordien est connue, et, d'un accord commun, tous la trouvent dans l'accroissement du nombre des têtes de bétail qui peuplent nos étables, accroissement qui doit être pour l'agriculture le terme de ses souffrances et les sources nouvelles de ses bénéfices futurs.

Où se trouvent donc les obstacles qui peuvent arrêter l'agriculture dans cette voie, si pleine de promesses? Quant à moi, je n'hésite pas à le dire, ils sont *dans les lois* qui nous régissent, et c'est ce que je veux examiner ici.

L'augmentation du bétail, telle qu'elle doit se manifester pour tirer l'agriculture de sa situation fâcheuse, nécessite :

1° Du capital ;

2° Des prairies ou des cultures favorisant la production du bétail ;

3° Le droit de posséder ce qu'on peut nourrir de bétail.

LE CAPITAL.

La transition du régime agricole actuel au régime nouveau qui doit nous profiter, suppose une mise de fonds subite considérable dans le capital d'exploitation. Comment et où trouver ce capital ? La réponse est facile, mais navrante. L'agriculture ne sait où trouver, ni comment trouver du capital : l'industrie possède les comptoirs d'escompte, les banques, les succursales de la Banque de France. L'agriculture ne possède aucune institution de crédit : aucun établissement ne veut lui prêter ; et, en effet, ce qui fait la fortune des banques, c'est le prêt à court terme, qui permet une circulation constante, sans cesse renouvelée, de billets et de numéraire ; ces renouvellements font produire au capital un intérêt annuel de 10, 12 pour 100 par an, masqué sous les noms de courtage, de commission, etc. L'industrie, qui produit du jour au lendemain, peut supporter ces frais, qui ne portent que sur des jours ou sur des mois. L'agriculture subit d'autres conditions : il lui faut un an au moins pour qu'un grain de blé devienne un épi ; il lui faut trois ans pour produire un animal de boucherie. Les emprunts à court terme lui sont donc interdits : le cultivateur qui emprunte pour trois ou quatre mois est ruiné d'avance ; il ne peut rembourser à l'échéance, et sa chute est certaine : il lui faut donc des emprunts à longue échéance. Depuis la popularisation de la rente, des fonds publics, des valeurs de toutes sortes cotées à la Bourse, les particuliers prêteurs d'argent ont profité de toutes ces facilités de placement ; ils ont fermé leur bourse à l'agriculture. Une seule ressource était offerte aux cultivateurs : l'hypothèque ! Cependant, c'était le mode d'emprunt le plus onéreux, le plus dur à supporter, mais enfin c'était une suprême ressource : elle a disparu.

L'Etat, voulant venir en aide à l'agriculture, a imaginé le Crédit foncier. L'institution du Crédit foncier semblait devoir sauver les cultivateurs. Accueilli avec reconnaissance par eux, ils n'ont pas tardé à être désillusionnés sur son efficacité.

D'abord le Crédit foncier prête difficilement. Il y a en France peu de propriétés constituées dans les conditions légales exigées par les statuts de l'établissement dont nous nous occupons,

Ensuite, le Crédit foncier prête chèrement. Si le chiffre de 6 pour cent demandé pour un prêt de 50 ans paraît séduisant, il faut bien reconnaître que peu de personnes veulent grever l'avenir pour un aussi long temps ; que si l'emprunteur veut adopter un terme moins long, alors le chiffre de l'intérêt annuel et de l'amortissement s'élève dans des proportions énormes qui sont un véritable empêchement à toute idée d'emprunt.

Si encore le Crédit foncier fournissait de l'argent monnayé ! Non : il donne à ses emprunteurs un papier qu'il leur faut négocier à la Bourse, c'est-à-dire pour lequel une perte de 4 pour cent et plus est inévitable.

Cette manière de procéder semble incroyable ; car enfin, à ses prêteurs, le Crédit foncier donne du papier contre de l'argent, à ses emprunteurs il rend du papier ; que deviennent donc les masses de numéraire mises à sa disposition, et pourquoi le Crédit foncier emprunte-t-il de l'argent pour offrir du papier ?

Il faudrait un terme à ce trafic de métal.

Il est temps que le Crédit foncier soit ramené à ses premières combinaisons, que l'Etat apporte une révision aux exigences du prêt ; enfin, le Gouvernement de l'Empereur, qui a donné 40 millions à l'industrie pour l'aider à supporter le libre-échange, ne pourrait-il pas venir en aide à l'agriculture en prenant à sa charge 1 ou 2 pour cent sur les termes exigés des emprunteurs ?

Alors le Crédit foncier cesserait d'être un leurre offert à nos cultivateurs, qui pourraient en profiter.

DES PRAIRIES.

C'est un axiome indiscutable que celui-ci : *Pour nourrir du bétail, il faut des prés.* Nous ne possédons pas en France des quantités de prairies suffisantes pour doubler notre bétail. Mais nous pourrions rapidement, sûrement, créer des prés par l'extension sur tout le territoire de la pratique des irrigations. Mais ici se pose cette question : les irrigations sont-elles permises en France ? à laquelle nous sommes obligés de répondre : non. Non, parce qu'elles ne peuvent avoir lieu, dans l'état actuel de la législation, que sur les petits cours d'eau non navigables ni flottables, traversant des vallées insignifiantes comme étendue, et d'ailleurs possédés par des meuniers avec lesquels tout cultivateur doit débuter par un procès s'il veut irriguer ; encore, si la loi était explicite au profit des irrigateurs ; mais que de questions de barrages, de règlements d'eau à élucider ! La compétence des tribunaux judiciaires et administratifs est indécise, et les malheureux cultivateurs ne savent vers qui tendre les mains pour sauvegarder leurs intérêts.

S'il nous était permis de prendre l'eau des cours d'eau navigables et flottables, c'est par milliers qu'il faudrait compter le nombre d'hectares pouvant être soumis à l'irrigation. Mais la défense la plus absolue d'utiliser ces eaux est inscrite dans la loi. C'est du domaine public : il est interdit d'y toucher. C'est-à-dire que, même quand les canaux parallèles ont été créés, il nous faut voir passer devant nous ces eaux limoneuses qui charrient vers la mer, sans utilité, les matières fécondantes que les pluies ont entraînées de notre sol déjà appauvri.

Il est donc urgent qu'une loi intervienne pour permettre aux riverains de puiser dans les rivières, dans les fleuves, dans les canaux, tout ce qu'il serait possible d'y prendre pour les irrigations. Et quel tort, en vérité, pourrait-il résulter pour la navigation de l'utilisation des eaux par l'agriculture, toutes les fois que la hauteur de ces eaux dépasserait à l'échelle indicatrice certain niveau déterminé d'avance !

Pourquoi même ne pas faire profiter l'agriculture des eaux d'inondation, en les amenant par des canaux spéciaux dont le radier serait au niveau des eaux prêtes à déborder, et par des pentes insensibles, sur les plateaux inférieurs stériles, rendus désormais aussi féconds que les terres des vallées ?

En tout cas, la régularisation des eaux d'inondation sur les prés qu'elles couvrent serait d'une facile exécution. Les digues de niveau, perpendiculaires à l'axe des vallées, suffiraient pour répartir également les eaux limoneuses, modérer leur courant et permettre le colmatage des parties couvertes.

Le gouvernement de l'Empereur, dans deux lois, dont l'une ne date que de juin 1865, a encouragé le drainage et les dessèchements. N'eût-il pas mieux valu encourager d'abord les irrigations, à l'égard desquelles elles sont muettes. La première loi (du 28 mai 1858) met à la disposition des cultivateurs, sous certaines conditions, 50 millions de crédit foncier pour opérations de drainage ; pourquoi ne pas étendre ses bénéfices aux irrigations ? La loi de juin 1865, sur les associations syndicales, s'applique au drainage et aux dessèchements. Nous nous demandons pourquoi le législateur a oublié les irrigations. Ces deux lois ont donc besoin d'être complétées, et leur révision au profit des irrigations amènera aussi la simplification des formalités des conditions de prêt exigées des emprunteurs. Alors elles seront un véritable bienfait et cesseront d'être ce qu'elles sont presque aujourd'hui, c'est-à-dire une lettre morte pour les cultivateurs.

Les prairies sont l'élément naturel de la production du bétail, et par suite du fumier ; mais d'autres mines puissantes seraient entre les mains du cultivateur, s'il était libre de les exploiter.

La betterave, transformée en alcool, devenait la source d'engrais énergiques, et peut-être par sa culture le problème de la viande à bon marché était-il résolu. En effet, par la distillation, le cultivateur avait la possibilité d'extraire d'une plante de culture facile un produit industriel dont la valeur en argent était plus considérable que la plante elle-même. Cette industrie était aux mains de tout le monde. — Le cultivateur allait en tirer, par une nourriture à prix insignifiant, de la viande à bon marché, et par suite des engrais à bon compte : le fisc a tué cette industrie. — En effet, un droit exorbitant de 100 francs par hectolitre est venu charger l'alcool, qui vaut 50 à 60 fr., et a fait payer à l'hectare de terre cultivé en betteraves un impôt indirect de 3,000 francs !

Nous demandons donc avec instances, avec prières, si l'on veut sauver l'agriculture et ne pas étouffer ses progrès, la détaxe de l'alcool et l'application d'un droit faible, incapable d'annihiler la production[1].

Le fisc n'y perdra rien. — Si grande deviendra la consommation de l'alcool, que les droits dus au Trésor afflueront dans les caisses des receveurs de l'impôt. — Alors la liberté du vinage nous permettra de boire en France des vins qui ne peuvent aujourd'hui supporter le transport, d'expédier à l'Angleterre les vins alcooliques qu'elle demande avant tout, de pouvoir, dans des années calamiteuses comme 1866, où le raisin ne va pas mûrir, rendre potables des vins qui, sans addition d'alcool, seront d'affreuses piquettes.

Enfin, l'abaissement du droit permettra aux ouvriers des

[1] Ce vœu s'applique également à la distillation des céréales, etc.

villes et des campagnes de boire en toute sécurité le classique petit verre du matin, au lieu des affreux mélanges qu'on leur offre aujourd'hui pour frauder les droits. Le gouvernement ne pourrait prendre aucune mesure plus populaire, et si Henri IV est célèbre pour avoir dit qu'il voulait que ses sujets aient le dimanche la poule au pot, combien de reconnaissance serait acquise à l'Empereur le jour où il déciderait que son peuple peut boire de l'eau-de-vie non frelatée à 5 centimes la ration !

Ainsi, l'abaissement à 10 ou 20 fr. l'hectolitre des droits sur l'alcool donnerait :

Des engrais à l'agriculture ;

De la viande à bon marché aux cultivateurs ;

Permettrait à des vins impotables aujourd'hui de prendre place dans la consommation ;

Augmenterait le bien-être de l'ouvrier en lui offrant à bon marché une boisson tonique et non frelatée.

De telles considérations sont souveraines : elles doivent attirer l'attention du Gouvernement.

LE DROIT DE POSSÉDER CE QU'ON PEUT NOURRIR
DE BÉTAIL.

Sous le nom de parcours et de vaine pâture, la loi consacre
le droit de tout habitant des campagnes de mener paître sur
les prés, après la première coupe de foin, et sur les terres
non emblavées, un certain nombre de têtes de bétail ; de plus,
la loi confère aux conseils municipaux le droit de déterminer
le nombre d'animaux que chaque propriétaire peut envoyer
sur les prés et sur les terres non empouillées. Qu'est-il résulté
de la reconnaissance de ce droit ? Il est advenu que les conseils
municipaux, de bonne foi, et sans s'en douter peut-être, ont
créé par les règlements le plus grand obstacle à la multipli-
cation du bétail. En effet, s'appuyant sur le décret du 6 oc-
tobre 1791, ces conseils ont limité le nombre de moutons
que chaque propriétaire a droit de mettre sur les terres
soumises à la vaine pâture, et, dans certaines communes,
ce nombre a été abaissé jusqu'à *une bête et son suivant* par
hectare. Les terres en prairies artificielles sont décomptées
du chiffre d'hectares possédés, c'est-à-dire que plus un
cultivateur suit le progrès, plus il cultive de plantes fourra-
gères, moins *(en Champagne)* il peut avoir de moutons ! Voilà
le résultat de la loi. N'est-il pas temps d'y remédier ?

La conservation du droit de parcours sur les terres non
empouillées est, sans aucun doute, utile aux intérêts géné-
raux ; mais il faudrait décider la suppression du mode de
règlement actuel, absurde dans ses résultats, y substituer
le cantonnement et accorder à chaque troupeau une certaine
partie du territoire communal.

Dans ce système, chaque propriétaire pourrait nourrir le

nombre de moutons qu'il lui plairait, et le chiffre des têtes de moutons serait augmenté de suite dans une proportion notable; car il ne faut pas hésiter à attribuer aux abus de la réglementation, telle qu'elle existe, la diminution signalée par M. de Lavergne à la Société d'Agriculture, diminution qui ne serait pas moindre de 8 à 10 millions de têtes de moutons depuis quinze ans.

Quant au droit de parcours sur les prés naturels après la coupe des foins, il devrait être complètement aboli, pour donner au propriétaire de ces prés, très-chargés d'impôts, la possibilité de jouir des secondes coupes dans les années favorables.

Voilà les trois grandes améliorations à accorder aux cultivateurs; ce sont les trois points capitaux de la question agricole.

Qu'il nous soit permis maintenant d'examiner quelques autres mesures favorables à l'agriculture, et dont la réalisation serait accueillie comme un véritable bienfait.

II

CADASTRE.

Une des plus grandes difficultés légales que rencontre le propriétaire rural, est celle d'arriver à la délimitation certaine de ses immeubles. Les titres de propriété, la plupart du temps, se bornent à énoncer la quantité superficielle et le nom des voisins à chaque aspect de soleil. Ils ne peuvent renseigner en aucune façon sur la figure géométrique de la pièce de terre. La conversion des anciennes mesures agraires aux mesures décimales a aussi contribué à la confusion. La loi permet la prescription annale au profit de celui qui possède; en sorte que le paysan ne se fait pas faute de gratter le champ du voisin. Or, si la loi punit sévèrement celui qui vole une branche d'arbre à son voisin, elle ne sévit pas contre celui qui vole une ou plusieurs roies en labourant. De là des procès interminables dans lesquels la mauvaise foi a beau jeu, et qui ne se bornent pas aux propriétés limitrophes, mais pour lesquels, suivant le caprice du juge et du géomètre, des contrées entières peuvent être intéressées, bouleversées.

Ces procès engendrent la ruine des plaideurs, jettent la division dans les familles, et rien dans la loi ne permet de les éviter.

Cependant le remède existe, l'Etat le possède quand il voudra l'appliquer sérieusement.

Ce remède, c'est le cadastre.

Le cadastre est sans contredit un des plus beaux monuments laissés par l'Empereur Napoléon Ier. Son exécution laissa peu à désirer, et si l'Etat lui avait donné une sanction légale, la propriété serait depuis longtemps et à tout jamais fixée d'une manière irrévocable. Cette sanction, elle était certainement dans l'esprit du grand génie qui créa le Code civil. Son successeur, dont l'agriculture attire constamment les préoccupations, ne peut nous la refuser.

Le cadastre est resté tel qu'il a été fait.

Les changements successifs qu'ont amenés les échanges, les ventes, les partages, les réunions, n'y ont point été appliqués, en sorte que les vieillards seuls et les gens du métier peuvent utiliser aujourd'hui les premiers plans cadastraux.

Pour lui rendre sa plus grande valeur, il faudrait que les contrôleurs, pendant leurs tournées annuelles, fussent chargés d'appliquer les mutations, non-seulement sur la matrice des rôles, mais aussi et surtout sur le plan cadastral.

Alors ce plan serait une vérité.

Afin de donner au cadastre une valeur légale, il conviendrait de décider que l'énonciation des titres de propriété sera faite au moyen des numéros du cadastre, et non autrement, sous peine de nullité ; que le plan cadastral fera titre pour les configurations territoriales et les quantités inscrites ; que l'abornement sera obligatoire, et, afin que le plan cadastral puisse toujours être appliqué avec facilité, décider que des bornes servant de repères fixes seront placées par l'Etat sur différents points des territoires communaux.

Au moyen de ces mesures légales, les propriétés seraient nettement définies, et les procès d'abornement, cette plaie des campagnes, proscrits à tout jamais.

COMMERCE AGRICOLE.

Autrefois les ventes des productions agricoles s'opéraient directement de producteur à consommateur. Ainsi, pour les blés, le cultivateur allait à la ville trouver le négociant en grains avec un échantillon pris dans son grenier.

Le fileur de laine parcourait les campagnes au moment de la tonte et choisissait les lots qui convenaient spécialement à son genre de filature.

Les ménagères allaient au marché et vendaient directement les produits de leur basse-cour.

Ce système avait pour avantages de mettre en relation directe les producteurs et les consommateurs, de faire payer à sa valeur réelle tout objet mis en vente, enfin, de mettre dans la poche du producteur seul le plus grand bénéfice de vente.

Maintenant tout est changé ; il s'est introduit entre les producteurs et les consommateurs, sous le nom général de commerçants, toute une armée de courtiers, de commissionnaires, de coquetiers, etc., devenus nécessaires à raison des lois fiscales que nous examinerons tout à l'heure, et l'organisation actuelle du commerce ; ces intermédiaires rendent maintenant des services incontestables, mais ils n'en rognent pas moins la part des bénéfices de chacun.

Le plus grave inconvénient de ce système nouveau, c'est l'unification des prix de vente ; ainsi, par exemple, chaque petit lot de laine acheté par un commissionnaire est perdu dans ce grand tout qu'on appelle un magasin, en langage commercial, et le producteur n'a plus qu'un intérêt médiocre à produire des laines de bonne qualité. Pour le commissionnaire en laine, la meilleure est celle qui coûte le meilleur marché. Il en est de même pour les blés.

Un autre inconvénient plus sensible pour le producteur, c'est qu'il est à la merci du commissionnaire. Ce dernier profite de l'ignorance où se trouve le vendeur, des cours de vente, qu'il a soin d'indiquer toujours à son avantage, et c'est ainsi qu'on peut expliquer les énormes différences de prix de denrées comestibles du moment de leur sortie de la ferme au moment de leur revente sur le marché. Les variations sont souvent du simple au double.

Deux moyens légaux permettraient de contrebalancer l'influence des commissionnaires :

1° La création de marchés hebdomadaires dans les communes un peu importantes de différents cantons ruraux, se tenant la veille du jour des marchés des villes voisines. La ménagère campagnarde, n'ayant qu'un faible déplacement à subir, offrirait là ses produits, qui seraient achetés, soit par les maîtres d'hôtel, soit par les revendeurs des villes, et on arriverait à contrebalancer l'influence des coquetiers et des commissionnaires.

2° La création de facteurs spéciaux pour la vente à la criée des produits agricoles.

Aujourd'hui ces ventes sont impossibles ailleurs qu'à Paris. Les frais énormes qui les chargent en éloignent tous ceux qui pourraient les pratiquer.

Les officiers publics et l'Etat prélèvent une véritable dîme, et le cultivateur qui voudrait vendre aux enchères dix bœufs ne recevrait que le produit de neuf.

Je voudrais que les ventes aux enchères de produits agricoles fussent frappées d'un droit si léger qu'elles pussent être pratiquées pour tout genre de produits. L'Etat, qui ne reçoit rien aujourd'hui, y trouverait un certain revenu par

suite de l'extension que prendraient ces ventes ; les ven-
deurs seraient sûrs d'obtenir le prix réel des marchandises
qu'ils offriraient, et de leur côté les acheteurs ne verseraient
aucun bénéfice dans d'autres mains que celle des producteurs.

Ce sont encore les commissionnaires qui, dans une sphère
plus haute, sont la cause directe de la mauvaise qualité des
produits français d'exportation, et, à ce sujet les plaintes
sont générales. Les exigences des commissionnaires, leurs
commandes spéciales aux industriels, forcent ces derniers à
ne créer que des produits de pacotille pour l'exportation.

DE LA JUSTICE.

Les règlements de la vaine pâture, les abornements m'amènent à parler de l'organisation des justices de paix.

Jusqu'à la publication d'un code rural, attendu avec impatience, les campagnes sont régies, pour tout ce qui est de la police rurale, par les anciennes coutumes, qui varient de canton à canton, d'arrondissement à arrondissement, de département à département, et souvent même, dans un seul canton, différentes coutumes sont suivies. Il apparaît donc comme une nécessité que les juges auxquels est confiée l'administration de la justice connaissent surtout les coutumes qui doivent régir leurs justiciables.

Autrefois, nous nous en souvenons, les juges de paix étaient choisis parmi les grands propriétaires du pays, souvent aussi parmi les avoués ou notaires qu'un long exercice avait identifiés aux mœurs et aux usages en vigueur dans leurs localités. Aujourd'hui, il n'en est pas ainsi. Les juges de paix se recrutent, comme toute la magistrature, dans nos écoles publiques de droit. Loin de nous la pensée de critiquer ces choix ; mais il saute aux yeux que les magistrats ainsi nommés ne peuvent que par une longue étude et des tâtonnements connaître des délits dans les cantons où ils sont envoyés.

C'est là un des griefs les plus sérieux des paysans contre la justice. Confondant, dans leur ignorance, le Code, le droit coutumier et les usages locaux, ils accusent leurs juges de ne pas connaître *la loi*, et, si j'osais le dire, au point de vue de l'intérêt politique, il serait très-opportun de leur donner satisfaction quant au choix de leurs juges.

Ceci dit, il est bon de faire connaître par des exemples la sévérité des lois qui régissent les cultivateurs, et je suis prêt à fournir les pièces judiciaires qui établiraient la vérité de ce que j'avance.

Je connais un cultivateur condamné à *trois jours de prison*, parce que son troupeau avait parcouru une pièce de terre, à lui appartenant, sur le territoire voisin de celui qu'il habite.

Je connais un cultivateur condamné à *un jour de prison*, parce qu'il n'avait pas de lanterne à sa voiture, et c'était la première fois qu'il paraissait en justice.

J'ai vu les frais de justice dépasser de dix ou vingt fois la valeur des objets ou des terrains en contestation.

Cela appelle une sérieuse attention de la part du Gouvernement.

Pourquoi l'agriculture ne jouirait-elle pas, comme l'industrie, d'institutions de prud'hommes, chargés de régler toutes les contestations de maîtres et d'ouvriers ; de tribunaux d'agriculture parallèles aux tribunaux de commerce, chargés de rendre la justice pour les affaires agricoles, à bien moindres frais et plus rapidement que les tribunaux actuels. Ces tribunaux, choisis dans chaque canton, seraient parfaitement au courant des us et coutumes de chaque contrée et connaîtraient avec compétence des affaires qui viendraient devant eux.

Dans cette revue rapide, je suis obligé de passer sans transition d'un fait à un autre, pour arriver plus vite à mon but, qui est de signaler les obstacles légaux au développement des forces agricoles ; je viens donc appeler l'attention sur les points suivants :

1° D'après les lois de douane, l'agriculture paie des droits élevés pour l'entrée du guano du Pérou, tandis que les tourteaux de graines oléagineuses, aussi riches que le guano, s'en vont en Angleterre sans payer aucun droit de sortie.

2° Il pourrait être fait retour, quant aux laines, à l'ancien système de douane, qui faisait payer un droit d'entrée sur les laines brutes et rendait, par un drawback à l'exportateur de tissus, les avances qu'il avait dû faire au Trésor.

Ce système favorisait le producteur de laines françaises en lui réservant le marché intérieur.

3° Il serait opportun de procéder à une révision générale des tarifs des chemins de fer, pour toutes les matières premières de l'agriculture. Ces tarifs sont trop élevés et souvent fallacieux. J'en citerai un exemple en ce qui concerne le foin.

Le cultivateur a droit à un tarif spécial pour 5,000 kilog. de foin, mais aucun des wagons destinés à cet usage ne peut charger cette quantité, en sorte que l'expéditeur paie toujours le wagon complet et ne peut charger que 3,500 ou 4,000 kilogrammes au plus. C'est comme si on l'autorisait à expédier 100 litres de vin et qu'on ne mît à sa disposition qu'un vase de 80 litres pour le renfermer.

Je voudrais que le tarif fût le même pour tous et par kilomètre, de manière à empêcher que l'expéditeur de bestiaux d'outre-Rhin qui charge un wagon complet payât moins que l'expéditeur de Metz, Nancy, ou même Châlons-sur-Marne.

Pareil fait s'est produit pour les transports de houille belge, dont le tarif était moins élevé de Mons à Paris que celui qui régissait les charbonnages français, situés plus près de la capitale ; c'est là un abus criant à réformer ; car les chemins de fer sont faits surtout pour les nationaux, et ils ne doivent point créer de priviléges pour l'étranger.

4° La loi de 1843 sur les chemins vicinaux a produit les plus grands résultats pour la terminaison du réseau de grande et de moyenne vicinalité; mais elle a laissé dans l'ombre les chemins de petite vicinalité et oublié les chemins ruraux. Ce sont cependant les plus utiles à l'agriculture, car c'est par eux que le cultivateur conduit aux champs les fumiers et ramène les moissons, c'est-à-dire les produits les plus encombrants. Dans l'état actuel d'avancement des chemins d'ordre supérieur, il serait facile de modifier la loi et d'admettre aux faveurs des subventions ministérielles et départementales les chemins vicinaux et ruraux. Toute mesure administrative qui viendra en aide aux chemins de cette catégorie sera accueillie avec reconnaissance.

J'ai cherché, dans les lignes qui précèdent, à démontrer ce que j'avais avancé dès le début, c'est-à-dire que les principales entraves de l'agriculture résidaient dans les lois qui la régissent. Aurai-je réussi dans mon entreprise ? Trop pénétré de mon sujet, aurai-je oublié des preuves, qui, pour moi, sont surabondantes ? Si une enquête judiciaire, fouillant les casiers des justices de paix et des tribunaux de première instance, était faite avec soin, il en ressortirait d'une manière évidente que je ne me suis pas trompé.

Que ce mémoire soit considéré comme l'expression des vœux d'un cultivateur profondément dévoué aux intérêts de l'agriculture et au Gouvernement de l'Empereur. Heureux serai-je si je puis aider, par l'expression consciencieuse de mes convictions, à diriger dans la voie que je viens d'indiquer des recherches qui, j'en suis certain, amèneront la révision de lois agricoles surannées, et hâteront l'étude et la promulgation d'un code rural. De ce moment, que j'appelle de tous mes vœux, datera pour l'agriculture l'avènement d'une ère nouvelle et de destinées plus heureuses.

Châlons, imp. T. Martin.